SCHACHTELHALME

Winter-Schachtelhalm
Equisetum hyemale

Sumpf-Schachtelhalm
Equisetum palustre

Teich-Schachtelhalm
Equisetum fluviatile

Wald-Schachtelhalm
Equisetum sylvaticum

Acker-Schachtelhalm
Equisetum arvense

Riesen-Schachtelhalm
Equisetum telmateia

Farn-pflanzen

im Vergleich

QUELLE & MEYER
BESTIMMUNGSKARTEN

Gewöhnliche Natternzunge
Ophioglossum vulgatum

Echte Mondraute
Botrychium lunaria

Königsfarn
Osmunda regalis

Adlerfarn
Pteridium aquilinum

Bergfarn
Oreopteris limbosperma

Sumpffarn
Thelypteris palustris

FARNE AUF ERDE / BODEN

Buchenfarn
Phegopteris connectilis

Eichenfarn
Gymnocarpium dyopteris

Wald-Frauenfarn
Athyrium filix-femina

Gewöhnlicher Wurmfarn
Dryopteris filix-mas

Dorniger Wurmfarn
Dryopteris carthusiana

Dorniger Schildfarn
Polystichum aculeatum

Braunstieliger Streifenfarn
Asplenium trichomanes

Krauser Rollfarn
Cryptogramma crispa

Rippenfarn
Struthiopteris spicant

Zerbrechlicher Blasenfarn
Cystopteris fragilis

Straußenfarn
Matteuccia struthiopteris

Grünstieliger Streifenfarn
Asplenium viride

FARNE AUF FELS / MAUER

Nördlicher Streifenfarn
Asplenium septentrionale

Mauerraute
Asplenium ruta-muraria

Milzfarn, Schriftfarn
Asplenium ceterach

Hirschzunge
Asplenium scolopendrium

Lanzen-Schildfarn
Polystichum lonchitis

Gewöhnlicher Tüpfelfarn
Polypodium vulgare

Gewöhnlicher Wurmfarn mit typisch spiralig eingerollten jungen Blättern

Bildnachweis: Margot und Dr. Roland Spohn

Projektberatung und Zusammenstellung: Margot und Dr. Roland Spohn

Weiterführende Literatur: Die Wild- und Nutzpflanzen Deutschlands (ISBN 978-3-494-01825-6)

Druck: Zimmermann Druck + Verlag GmbH

ISBN 978-3-494-01881-2; Best.-Nr.: 494-01881

9 783494 018812

QUELLE & MEYER
BESTIMMUNGSKARTEN

SCHWIMMFARNE

Gewöhnlicher Schwimmfarn
Salvinia natans

Großer Algenfarn
Azolla filiculoides

BÄRLAPPE

Tannenbärlapp
Huperzia selago

Sprossender Bärlapp
Lycopodium annotinum

Keulen-Bärlapp
Lycopodium clavatum

Dorniger Moosfarn
Selaginella selaginoides